FORSCHUNGSBERICHTE DES LANDES NORDRHEIN-WESTFALEN

Nr. 1369

Herausgegeben

im Auftrage des Ministerpräsidenten Dr. Franz Meyers

von Staatssekretär Professor Dr. h. c. Dr. E. h. Leo Brandt

DK 544.4:545.7

Dipl.-Chem. Marlies Raschke

Gaswärme-Institut e. V., Essen-Steele

Wissenschaftliche Leitung: Prof. Dr. Ing. F. Schuster

Ermittlung der Zusammensetzung technischer Brenngase, insbesondere der in ihnen enthaltenen Kohlenwasserstoffe, nach verschiedenen gaschromatographischen Methoden

WESTDEUTSCHER VERLAG · KÖLN UND OPLADEN 1964

ISBN 978-3-663-06293-6 ISBN 978-3-663-07206-5 (eBook)
DOI 10.1007/978-3-663-07206-5

Verlags-Nr. 011369

Gesamtherstellung: Westdeutscher Verlag

Inhalt

1. Einleitung 7

2. Die gaschromatographische Trennung 8

2.1 Trägergas 10
2.2 Probenaufgabe 10
2.3 Trennsäulen 11
2.3.1 Theorie der Trennwirksamkeit gaschromatographischer Säulen ... 12
2.3.2 Einfluß der Strömungsgeschwindigkeit des Trägergases 13
2.3.3 Einfluß der Beschaffenheit der stationären Phase 14
2.3.4 Einfluß der Temperatur 15
2.3.5 Einfluß der Säulenlänge 15
2.3.6 Herstellung von gepackten Trennsäulen 16
2.3.7 Trennung mit Kapillarsäulen 16
2.3.8 Einfluß der Probenmenge 17
2.4 Detektoren 20
2.4.1 Gaschromatograph nach JANÁK 20
2.4.2 Gaschromatograph mit Wärmeleitfähigkeitsmeßzellen 22
2.4.3 Gaschromatograph mit Flammenionisationsdetektor 24

3. Zusammenfassung 25

4. Literaturverzeichnis 27

1. Einleitung

Die Betriebe der öffentlichen Gasversorgung stehen zunehmend vor der Aufgabe, die Stadt- und Ferngase genauer zu untersuchen und vor allem die Anteile der einzelnen Kohlenwasserstoffe zu bestimmen. Die bisher im wesentlichen aus Steinkohle erzeugten Gase werden in wachsendem Maße durch Raffgase, Flüssiggas, Krackgase aus Öl und Benzin sowie Erdgas ergänzt oder auch z. T. ersetzt. Durch die veränderte Zusammensetzung werden die Brenneigenschaften beeinflußt.
Zur Beurteilung der genauen qualitativen und quantitativen Zusammensetzung reicht die Untersuchung nach der Orsat-Methode nicht mehr aus. Bei der Wahl von Untersuchungsmethoden, die den gestellten Anforderungen gerecht werden, war zu berücksichtigen, daß die Verfahren für die Anwendung in Betriebslaboratorien der Gaswerke geeignet sein sollten. An Stelle der bisherigen Methoden zur Untersuchung von Haupt- und Nebenbestandteilen in Brenngasen sollen Verfahren treten, welche bei nicht allzu großem Aufwand dem Zweck angepaßte Genauigkeit, Vielseitigkeit und einfache Bedienung bieten. Kurze Analysenzeiten und leichte Auswertung der Ergebnisse waren erwünscht. Diese Bedingungen konnten nur die immer mehr in den Vordergrund tretenden physikalischen und physikalisch-chemischen Untersuchungsverfahren erfüllen. Unter den für die Untersuchung des Gesamtbrenngases in Betracht kommenden modernen physikalischen Verfahren, wie z. B. Massenspektroskopie, Infrarotspektrometrie u. a., erwiesen sich aus praktischen und finanziellen Gründen die gaschromatographischen Arbeitsmethoden als am besten geeignet.

2. Die gaschromatographische Trennung

Zum Studium der Grundlagen der Gaschromatographie sei auf einige Lehrbücher verwiesen [1–5]. Außerdem wurde von der Verfasserin bereits früher kurz darüber berichtet [6]. An dieser Stelle soll nur ein kurzer Abriß des Verfahrens gegeben werden. Neben dem Eluierungsverfahren sind andere Methoden, wie die Verdrängungschromatographie oder die Frontalanalyse, für die Brenngasuntersuchung bedeutungslos.

Beim Eluierungsverfahren wird das zu untersuchende Gas- bzw. Dampfgemisch mit Hilfe eines »Trägergases« durch die mit der sogenannten »stationären Phase« gefüllte Säule getrieben.

Die verschiedenen Bestandteile der Probe verteilen sich entsprechend ihren unterschiedlichen Phasengleichgewichten auf die bewegte und die stationäre Phase. Die einzelnen Bestandteile einer Mischung werden, bedingt durch voneinander abweichende Adsorptionskräfte, Löslichkeit, Bindungskräfte oder molekulare Filterung, verschieden lange vom Adsorptions- bzw. Lösungsmittel zurückgehalten. Die hierdurch bedingte unterschiedliche Wanderungsgeschwindigkeit bewirkt eine Aufteilung des Gemisches in die einzelnen Bestandteile, welche die Säule zeitlich getrennt verlassen.

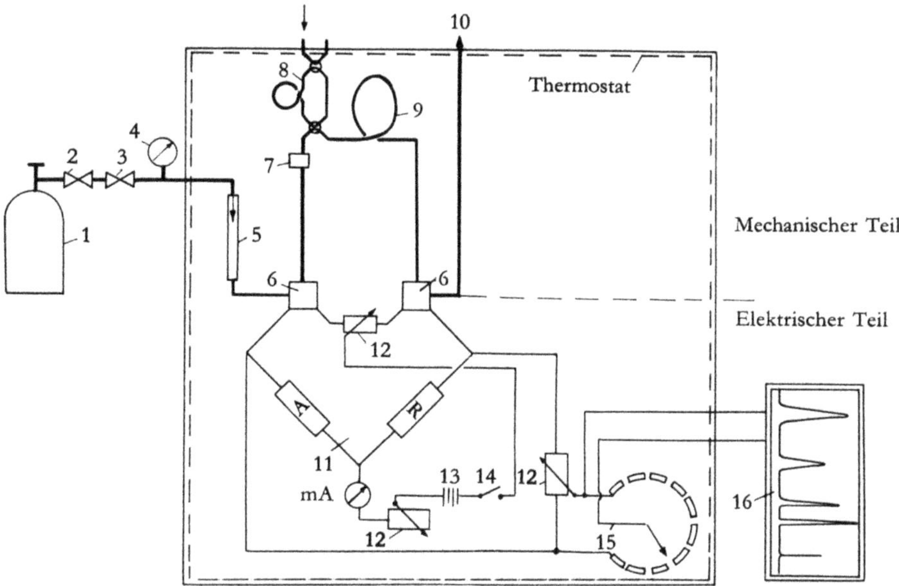

Abb. 1 Aufbau eines Gaschromatographen mit Wärmeleitfähigkeitsmeßzelle

Die aus der Säule austretenden Verbindungen können auf mannigfaltige Weise angezeigt werden. Es gibt verschiedene Verfahren, die auf physikalischem, physikalisch-chemischem, chemischem oder auch biologischem Nachweis beruhen. Die Verwendung eines bestimmten Detektors ist von der gestellten Aufgabe abhängig. Die Abb. 1 zeigt eine gaschromatographische Apparatur mit Wärmeleitfähigkeitsdetektor.

Der aus der mit Trägergas gefüllten Vorratsflasche (1) über ein Reduzierventil (2) entnommene Gasstrom wird nochmals über einen Druckfeinregler (3) geleitet. Mit Hilfe des Feinmeßmanometers (4) kann der Druck genau eingestellt werden. Die Durchflußgeschwindigkeit des Trägergases wird am Strömungsmesser (5) kontrolliert. Nachdem das Gas die Vergleichszelle (6) des Detektors passiert hat, wird die Probe über die Flüssigkeitsaufgabe (7) oder das Gasprobeneinlaßteil (8) zugefügt. Nach Durchströmen der Säule (9) tritt das Trägergas mit den einzelnen Probenbestandteilen in die Meßzelle (6) des Detektors und anschließend ins Freie. Meß- und Vergleichszelle bestehen aus Thermistoren oder Hitzdrähten und sind als Zweige einer Wheatstoneschen Brücke (11) geschaltet. Mit dem Spannungsteiler (15) kann der Empfindlichkeitsbereich der Anzeige verändert werden. Die Anzeige wird vom Schreiber (16) aufgezeichnet.

Die Abb. 2 zeigt das Chromatogramm eines Ferngases getrennt an einer gepackten Säule, mit Wärmeleitfähigkeitsdetektor aufgenommen.

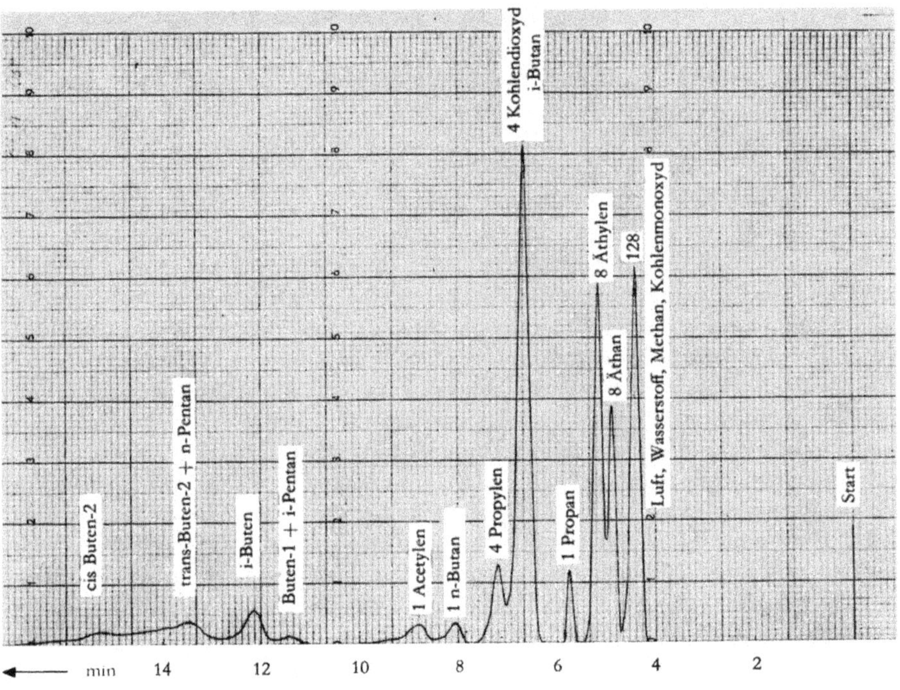

Abb. 2 Chromatogramm eines Ferngases

2.1 Trägergas

Druck und Mengenstrom des Trägergases werden über Druckregler, thermostatisierte Kapillare, Feinregulierventile, Strömungsmesser (z. B. Rotameter oder Seifenblasen-Durchflußmesser) eingestellt.

In jedem Falle muß streng darauf geachtet werden, daß die Gasleitungen und Verbindungsteile keine Undichtigkeiten aufweisen, die zu Unregelmäßigkeiten im Gasdurchfluß und damit zu Störungen oder bei Verwendung von Wasserstoff als Trägergas zu Explosionsgefahr führen. Änderungen der chemischen oder physikalischen Eigenschaften des Trägergases auf dem Wege durch Säule und Detektor beeinträchtigen die Analysengenauigkeit. Ebenso ist es von großer Wichtigkeit, auf die Reinheit des Trägergases zu achten. Je nach der Wahl des Detektors müssen die verwendeten Gase einwandfrei auch von Spuren an Kohlenwasserstoffen gereinigt sein. Aus diesem Grunde sollten keinerlei Gummizuleitungen verwendet werden. Besser geeignet sind Kunststoffleitungen. Selbst bei Verwendung von Detektoren, die gegenüber Verunreinigungen unempfindlich sind, sollte auf die Reinheit des Trägergases geachtet werden. Technische Gase enthalten vielfach Luft, Wasser, Öldämpfe oder evtl. auch leicht siedende Kohlenwasserstoffe. Diese Verunreinigungen können von der Säulenfüllung zurückgehalten werden und sich in der Säule anreichern, so daß die Wirksamkeit der stationären Phase beeinträchtigt wird. Auch ist die Aufnahme von Verunreinigungen in der Säule temperaturabhängig, so daß bei einer Temperaturerhöhung aus einer mit Verunreinigungen angereicherten Säule diese teilweise wieder austreten und die Anzeige des Detektors beeinflussen. Als Trägergase wurden meist Wasserstoff, Helium, Stickstoff, Argon oder Kohlendioxyd verwendet.

2.2 Probenaufgabe

Von großem Einfluß auf die Meßergebnisse ist eine genau bemessene Probenaufgabe. Dabei kommt es nicht nur darauf an, eine gleichbleibende Probenmenge aufzugeben, sondern es muß darauf geachtet werden, daß keine Entmischung, z. B. durch Festhalten (Adsorption, Oberflächenreaktion o. ä.) einzelner Bestandteile am Dichtungsmaterial oder bei der Aufgabe von Flüssigkeiten durch unterschiedliche Verdampfungsgeschwindigkeit, auftritt.

Jede Veränderung der Zusammensetzung der Probe muß vermieden werden.

Für Gase dienen zur Aufgabe bestimmter Probenmengen »Gasprobeneinlaßteile«. Ein meist auswechselbarer, in das Gaseinlaßteil eingebauter, genau abgemessener Gefäßinhalt wird von der Probe durchströmt. Der Inhalt des Meßgefäßes kann je nach Bedarf zwischen wenigen Mikrolitern und einigen Millilitern verändert werden. Durch Umschalten eines Hahns spült das Trägergas die Probe aus dem Meßgefäß in die Trennsäule. Besonderes Augenmerk verdienen die Schlauchanschlüsse zwischen dem Probengefäß und dem Gasprobeneinlaßteil. Gute Erfahrungen wurden mit Akodurschläuchen gemacht, doch muß die Probe schnell

hindurchströmen, da Wasserstoff durch die Schlauchwandungen abdiffundieren kann. Undichtigkeiten des Hahns führen ebenfalls zu Fehlergebnissen.
Für die Aufgabe von flüssigen Proben haben sich Spritzen gut bewährt. Für die vorliegenden Untersuchungen wurden Hamilton-Spritzen verwendet. Die Probe wird durch eine Nadel angesaugt, durch Ausspritzen der zuviel angesaugten Menge genau abgemessen, anschließend eine geringe Menge Luft eingesogen, die Nadelspitze abgewischt und die Probe durch eine Silikongummidichtung in den Trägergasstrom eingespritzt. Beim Einspritzen muß darauf geachtet werden, daß die Probe sich nicht teilweise in der Silikongummidichtung der Flüssigkeitsaufgabevorrichtung löst oder durch Oberflächenkräfte, z. B. von Schlauchverbindungen zurückgehalten werden kann. Verharzungen oder Ablagerungen aus vorhergehenden Proben können ebenfalls einzelne Bestandteile lösen. Um eine gleichmäßige sofortige Verdampfung der aufgegebenen gesamten Probenmenge zu gewährleisten, muß die Aufgabevorrichtung aufgeheizt werden, und zwar bis etwas oberhalb des Siedepunktes der am schwersten verdampfbaren Substanz in der Probe.
Die Aufgabevorrichtung soll eine große Heizfläche, große Wärmekapazität und gute Wärmeleitfähigkeit haben. Nur so ist eine schnelle und gleichmäßige Verdampfung der Probe gewährleistet.
Alle beschriebenen Einflüsse können eine Verzögerung bei der Wanderung durch die Trennsäule bewirken, so daß die einzelnen Bestandteile nur schleppend die Säule verlassen und die aufgezeichneten Peaks unsymmetrische Form aufweisen. Diese Schwanzbildung oder »Tailing« kann die Auswertung erheblich erschweren. Schwanzbildung, die auf anderen Ursachen beruht, wird noch beschrieben.

2.3 Trennsäulen

Voraussetzung für eine gaschromatographische Trennung ist die Wirksamkeit der Trennsäule. Die klassische Gaschromatographie arbeitet mit gepackten Säulen. Unter einer gepackten Säule versteht man ein Rohr mit 2–6 mm innerem Durchmesser aus Kupfer, Messing, Stahl, Glas oder Kunststoff mit einer Länge von 0,5 bis 20 m. Die Füllung besteht aus einem meist anorganischen, pulverförmigen Material mit großer, möglichst porenfreier Oberfläche und gleichmäßigem Korndurchmesser. Je nach Art des Trägers und der Trennflüssigkeit wird die Teilchengröße vom Strömungswiderstand bestimmt.
Die stationäre Phase kann, wie bei der Gas-Fest- oder Adsorptions-Gaschromatographie, ein Festkörper mit großer aktiver Oberfläche, wie z. B. Aktivkohle, sein, an dem die einzelnen Komponenten mit unterschiedlichen Adsorptionskräften festgehalten werden, oder wie bei der Gas-Flüssig- oder Verteilungs-Gas-Chromatographie eine Flüssigkeit mit unterschiedlichem Lösungsvermögen für die einzelnen Stoffe. Diese Trennflüssigkeit oder »flüssige Phase« wird bei gepackten Säulen als dünner Film auf einen feinkörnigen, meist inaktiven festen Körper, wie z. B. Silicagel, Sterchamol o. ä., aufgebracht.

Die stationäre Phase einer Trennsäule darf während der Untersuchung keinerlei Veränderungen erfahren. Die thermische Alterung einer neuen Säule (z. B. durch Verdampfen von niedrig siedenden Bestandteilen o. ä.) sollte möglichst schnell zu einem stationären Zustand führen. Trägermaterial, Trägergas und zu trennende Gemische dürfen mit der Trennflüssigkeit nicht irreversibel reagieren.

Die Wahl der flüssigen Phase hängt von der gestellten Aufgabe ab. Es gibt eine große Vielzahl von Substanzen, die für die verschiedenen Trennungen empfohlen werden. Die Trennung von Mischungen aus Bestandteilen verschiedener homologer Reihen wird durch geeignete Auswahl der Trennflüssigkeit erreicht, während die Trennung innerhalb einer homologen Reihe von der Trennleistung einer Säule abhängig ist. Die Anwendungsmöglichkeit für eine gegebene Trennaufgabe wird vom Verhältnis der Retentionsvolumina des am schwierigsten zu trennenden Stoffpaares in der Probe bestimmt.

Für die Brenngasuntersuchung ist es wesentlich, eine möglichst vollkommene Auftrennung sowohl der Paraffine als auch der Olefine zu erreichen, um Heizwert, Dichte etc. aus dem Gehalt der einzelnen Bestandteile genau berechnen zu können.

2.3.1 Theorie der Trennwirksamkeit gaschromatographischer Säulen

Über die Trennleistung der Säulen wurde von verschiedenen Autoren, u. a. von Bayer [7] berichtet. Sie läßt sich ähnlich wie bei der Destillation aus der Anzahl der theoretischen Böden berechnen. Während jedoch bei der Destillation der Elementarprozeß aus Verdampfung und Kondensation besteht, findet bei der Gaschromatographie der Stoffaustausch durch Sorption und Desorption statt. Die Anzahl der Böden, die für eine chromatographische Trennung benötigt wird, ist wesentlich größer als diejenige, die für eine fortlaufende Gegenstromdestillation erforderlich ist [8]. Es ist aber in der Gaschromatographie ohne Schwierigkeiten möglich, Säulen mit hohen Bodenzahlen, wie Scott [9] zeigte, mit bis zu 30 000 theoretischen Böden, bei klassischen gepackten Säulen herzustellen, Kapillarsäulen erreichen noch weit höhere Werte.

Der Begriff des theoretischen Bodens ist aus der Destillationstechnik entnommen und bezeichnet eine Stufe, in der sich das vollständige Gleichgewicht zwischen den miteinander in Berührung gebrachten Phasen einstellt. In der gaschromatographischen Säule ist eine der beiden Phasen, nämlich das Trägergas, in fortlaufender Bewegung, so daß die tatsächliche Einstellung eines vollständigen Gleichgewichtes nicht möglich ist. Man ermittelt dann das »Höhen-Äquivalent« eines »theoretischen Bodens« = HETP (Height equivalent to a theoretical plate) und bezeichnet damit einen Längsabschnitt der Säule, in dem die vollzogene Trennung der eines theoretischen Bodens entspricht. Die Beziehungen zwischen dem Höhenäquivalent eines theoretischen Bodens und den physikalischen Parametern in einer gepackten gaschromatographischen Säule bei gleichbleibender Temperatur wurden von van Deemter [8] abgeleitet.

Die VAN DEEMTER-Gleichung lautet:

$$\mathrm{HETP} = A + \frac{B}{u} + C_g u + C_l u \tag{1}$$

oder ausführlicher:

$$\mathrm{HETP} = 2\,\lambda d_p + 2\,\gamma D_g \frac{1}{u} + \frac{0{,}01\,k^2\,d_p}{(1+k)^2\,D_g}\,u + \frac{2\,k\,d_F^2}{3\,(1+k)^2\,d_l} \tag{2}$$

Hierin bedeuten:

HETP = Höhe eines theoretischen Bodens
A = Wert, der von der Säulenfüllung abhängig ist und eine Aussage über die Streudiffusion in dieser Füllung macht [cm]
λ = statistische Unregelmäßigkeit in der Säulenfüllung
d_p = Teilchendurchmesser des festen Trägers [cm]
B = Wert für die Molekulardiffusion [cm^2/sec]
γ = Wert, der die Verschlungenheit der Gaswege in der Säulenfüllung und die Porenkanäle berücksichtigt
D_g = Molekulare Diffusion der Probe im Trägergas [cm^2/sec]
u = mittlere lineare Trägergasgeschwindigkeit [cm/sec]
C_g = Wert für die Verzögerung des Stoffaustausches in die flüssige Phase [sec]
k = Verhältnis zwischen der Durchbruchszeit der Probe und der von Luft
C_l = Wert für die Verzögerung des Stoffaustausches in die flüssige Phase [sec]
d_F = mittlere wirksame Filmschichtdicke der Trennflüssigkeit auf den Teilchen des festen Trägers [cm]

2.3.2 Einfluß der Strömungsgeschwindigkeit des Trägergases

Wie aus Gl. (2) zu entnehmen ist, hat die Strömungsgeschwindigkeit des Trägergases eine entscheidende Bedeutung für die Trennleistung der Säule.

Geringe Durchflußgeschwindigkeit wirkt sich auf die HETP nachteilig aus infolge der hohen molekularen Diffusion in Längsrichtung der Säule. Außerdem wird die Untersuchungsdauer groß, während für hohe Trägergasgeschwindigkeiten die HETP durch den hohen Widerstand des Stoffaustausches ungünstig beeinflußt wird. Niedrige Werte für die HETP und damit eine hohe Anzahl theoretischer Böden und gute Trennleistung erhält man für mittlere Durchflußgeschwindigkeiten, deren genauer Wert jeweils durch Untersuchung ermittelt wird.

Bei der Adsorptions-Gaschromatographie ist der Austausch nur von der festen Phase abhängig, d. h. die Trennleistung nimmt oberhalb des optimalen Wertes mit steigender Strömungsgeschwindigkeit weniger ab als bei der Verteilungs-Gaschromatographie. Theoretische Untersuchungen wurden u. a. von AYERS, DEFORD und LOYD [10, 11] durchgeführt.

Weiterhin ist die Art des Trägergases für den Trennvorgang von Bedeutung, da dessen Diffusionskoeffizient möglichst klein sein sollte. Auch die Polarität spielt eine Rolle.

2.3.3 *Einfluß der Beschaffenheit der stationären Phase*

Bei optimaler Strömungsgeschwindigkeit gewinnt auch der erste Ausdruck der van Deemter-Gleichung Einfluß, d. h. die Beschaffenheit des Füllstoffes der Säule. Der Wert A wird klein, wenn dieser eine gleichmäßige Körnung und damit Regelmäßigkeit in der Packung aufweist. Weiterhin beeinflußt eine geringe Korngröße, d. h. große Oberfläche, die HETP günstig [12], doch steigt mit abnehmendem Teilchendurchmesser des festen Trägers der Druckabfall in der Säule und führt zu langen Analysenzeiten.

Die Trennflüssigkeit soll sich möglichst gleichmäßig als Oberflächenfilm auf dem festen Träger verteilen und dünnflüssig sein. Mit kleinen Mengen Trennflüssigkeit stellt man einen Film geringer Schichtdicke her, in die die einzelnen Moleküle nicht tief eindringen, was den Stoffaustausch mit der Gasphase verzögern würde. Andererseits muß aber genügend flüssige Phase aufgetragen werden, um die einzelnen Teilchen des Feststoffes vollständig zu bedecken und nicht nur die Porenkanäle zu füllen. Man unterscheidet adsorptiv und kapillar gebundene flüssige Phase. Mit Trennflüssigkeit gefüllte Poren des festen Trägers behindern den Stoffaustausch und sollten tunlichst vermieden werden [13, 14]. Sehr gute Ergebnisse wurden mit Glaskügelchen als festem Träger erzielt. Die glatte inaktive Oberfläche erlaubt, einen sehr dünnen Film der flüssigen Phase aufzutragen. Nur an den Berührungspunkten befindet sich durch Kapillarwirkung eine dickere Flüssigkeitsschicht (Abb. 3). Es ist bisher allerdings noch mit Schwierigkeiten verbunden, die gesamte Oberfläche der Glaskügelchen mit einem zusammenhängenden Flüssigkeitsfilm zu bedecken.

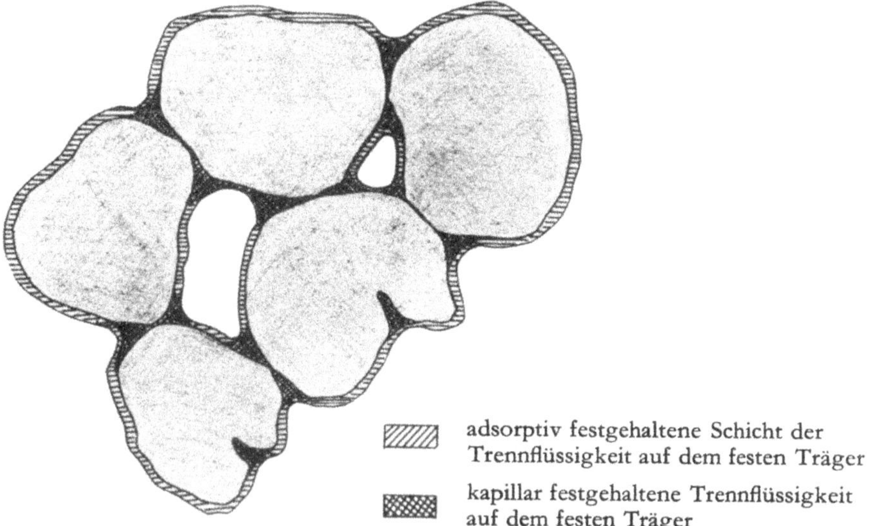

Abb. 3

2.3.4 Einfluß der Temperatur

Die Temperatur hat einen wesentlichen Einfluß auf das Retentionsvolumen der Substanzen. Mit steigender Temperatur steigt die Wanderungsgeschwindigkeit der Probe, d. h. die Retentionszeit nimmt ab. Wie AMBROSE und Mitarbeiter [15] auf Grund thermodynamischer Überlegungen ermittelten, gilt:

$$\log V = \frac{\Delta H_S}{2{,}3\,R\,T_S} + c \qquad (3)$$

Hierin bedeuten:

V = Retentionsvolumen
H_S = partielle molare Verdampfungswärme des gelösten Stoffes aus der Lösung
R = Gaskonstante [1,987 cal/Grad Mol]
T_S = Temperatur der Säule [°K]
c = Konstante

Durch Anwendung höherer Temperaturen läßt sich die Analysendauer verkürzen. Da die Trennung bei höherer Temperatur oft mit einer Verschlechterung der Trenneigenschaften verbunden ist, müssen die Bedingungen genau gewählt werden, um in möglichst kurzer Zeit eine optimale Trennung zu erreichen. Die obere Temperaturgrenze ist durch die Stabilität der verwendeten Säulen und die Temperaturbeständigkeit des Dichtungsmaterials im Gaschromatographen gegeben. Die Arbeitstemperatur bei einer Trennung soll ungefähr 200° C bei 760 Torr unter dem Siedepunkt der Trennflüssigkeit liegen, um Verdampfen oder Austragen durch das Trägergas zu verhindern.
Die Möglichkeit, durch Temperaturerhöhung die Analysenzeit zu verkürzen, wird ausgenutzt, um z. B. mit einer einzigen Säule in einem Trennungsgang Substanzen mit kleinem neben solchen mit großem Retentionsvolumen in verhältnismäßig kurzer Zeit zu trennen. Hierfür wird die Säulentemperatur während der Analyse stufenweise oder auch kontinuierlich gesteigert.
Die niedrig siedenden Bestandteile von Brenngasen werden bei niedrigen Temperaturen (Zimmertemperatur) gut getrennt, so daß sich Überlegungen für die Anwendung höherer Temperaturen erübrigen.

2.3.5 Einfluß der Säulenlänge

Für eine vorhandene Säule läßt sich die Anzahl der theoretischen Böden und damit die HETP sehr leicht aus einem geschriebenen Chromatogramm bestimmen.

Es gilt:

$$n = 16\left(\frac{d}{w}\right)^2$$

Hierin bedeuten:

d = Abstand des Peakmaximums vom Startpunkt
(Retentionsvolumen der Substanz)

w = Peakbreite, begrenzt durch an die Elutionskurve gelegte Tangenten
(während der Elution einer Substanz notwendiges Volumen)

Außerdem ist:

$$\text{HETP} = \frac{L}{n} \quad \text{bzw.} \quad n = \frac{L}{\text{HETP}}$$

n = Anzahl der theoretischen Böden
L = wirksame Länge der Trennsäule

Die Anzahl der theoretischen Böden kann also mit steigender Länge der Trennsäule erhöht werden. Da jedoch, wie auch im dritten Ausdruck der van Deemter-Gleichung berücksichtigt, mit steigendem Druckabfall in der Säule die HETP ansteigt, ist die Verlängerung einer Trennsäule nur bis zu einem bestimmten Wert sinnvoll.

2.3.6 Herstellung von gepackten Trennsäulen

Für die Herstellung von Trennsäulen muß das handelsübliche Kupferrohr gut gereinigt werden. Am besten hat sich hierfür waschen mit Aceton und anschließend mit Äther bewährt. Das feste Trägermaterial wird in einem Schwingsieb sorgfältig auf die gewünschte Korngröße ausgesiebt. Zur Belegung mit Trennflüssigkeit wird diese zuvor in einem leichtsiedenden Lösungsmittel, wie Äther oder Methylenchlorid, in der gewünschten Menge gelöst. Nach intensivem Verrühren der Lösung mit dem Trägermaterial kann das Lösungsmittel bei vorsichtiger Wärmezufuhr auf einer schwach erhitzten Heizfläche unter weiterem Umrühren verdampfen. Auf das Einfüllen in die Rohre muß besondere Aufmerksamkeit verwandt werden. Ungleichmäßige Packung und Hohlräume beeinträchtigen die Trenneigenschaften und müssen unbedingt vermieden werden. Deshalb erscheint es zweckmäßig, die Säule an einem Vibrator zu befestigen und unter ständigem Schütteln das Material langsam einzufüllen.
Mehrstündiges Durchströmen der fertig verschlossenen Säule mit Trägergas bei oder wenig über der später angewendeten Untersuchungstemperatur entfernt die letzten Lösungsmittelreste.
Wird aktiviertes Trägermaterial verwendet, wie z. B. aktives Aluminiumoxyd, so ist außerordentliche Sorgfalt erforderlich. Es muß unter Feuchtigkeitsausschluß gearbeitet werden, da Spuren Wasserdampf das Material passivieren würden.

2.3.7 Trennung mit Kapillarsäulen

Zur Untersuchung von Gemischen aus einer nicht sehr großen Anzahl ähnlicher Bestandteile reicht das klassische Trennverfahren mit gepackten Säulen aus, wobei unter ähnlichen Bestandteilen Substanzen mit verhältnismäßig nahe beieinanderliegenden Siedepunkten und nicht sehr großem Unterschied in der Polarität verstanden werden sollten.

Weit bessere Trennungen von Mischungen mit komplizierter Zusammensetzung erzielte GOLAY [16–18] in den von ihm entwickelten Kapillarsäulen. Die Innenwand von Kapillarrohren wird hierfür mit einer dünnen Schicht der Trennflüssigkeit bedeckt.

GOLAY entwickelte eine Gleichung, die es ermöglicht, die HETP von Kapillarsäulen zu berechnen. Wie DESTY, GOLDUP und WHYMAN [19] zeigten, stimmt die VAN DEEMTER-Gleichung mit der GOLAY-Gleichung überein. Die statistische Unregelmäßigkeit der Säulenfüllung entfällt bei Kapillarkolonnen. In Gl. (2) wird $\lambda = 0$ und damit auch der erste Ausdruck der VAN DEEMTER-Gleichung. Da im Gasweg keine Verzweigungen vorhanden sind, ist entsprechend $\gamma = 1$.

Die HETP wird nach Gl. (2) für ein bestimmtes Trägergas abhängig von der Strömungsgeschwindigkeit u und, da man für Kapillarsäulen setzen kann $d_p = r$ (innerer Durchmesser der Kapillare), vom Radius der Trennkapillare sowie von der Filmschichtdicke d_F abhängig. Es läßt sich folglich auch für Kapillarsäulen der günstigste Wert für die Durchflußgeschwindigkeit des Trägergases bestimmen, um die optimale Trennleistung, d. h. die kleinstmögliche Trennstufenhöhe zu erreichen.

Der große Vorteil von Kapillarsäulen liegt darin, daß bei einer Länge bis zu ca. 300 m und einem inneren Durchmesser von 0,1 bis 0,3 mm eine theoretische Bodenzahl von 1 000 000 und damit eine außerordentlich hohe Trennleistung erreicht werden kann.

Die Abb. 4 zeigt das Chromatogramm einer Mischung von 34 Komponenten, getrennt in einer mit Sqalan bedeckten Kapillarsäule von 130 m Länge.

Kurze Kapillarsäulen von wenigen Zentimetern Länge sind besonders wegen ihrer außerordentlichen kurzen Untersuchungszeiten von wenigen Sekunden von Bedeutung.

Zur Untersuchung von Gasmischungen, deren Trennung in belegten Kapillarsäulen bei sehr niedrigen Temperaturen durchgeführt werden müßte, haben sich gepackte Kapillarsäulen, wie sie von HALASZ und HEINE beschrieben werden [20], besonders bewährt. In einer mit aktivem Aluminiumoxyd gepackten Kapillarsäule wurden auch bei sehr kurzer Analysendauer hohe Trennleistungen erzielt. Die Abb. 5 zeigt das Chromatogramm eines Stadtgases, in dem in der kurzen Zeit von nur 14 min die Kohlenwasserstoffe von Methan bis zum Benzol aufgetrennt sind.

2.3.8 Einfluß der Probenmenge

Besonders beim Arbeiten mit Kapillarsäulen ist die aufgegebene Probenmenge von großer Bedeutung. Durch eine zu große Probenmenge oder durch langsames Aufgeben der Probe wird ein größerer Abschnitt der Säule von der Probe ausge-

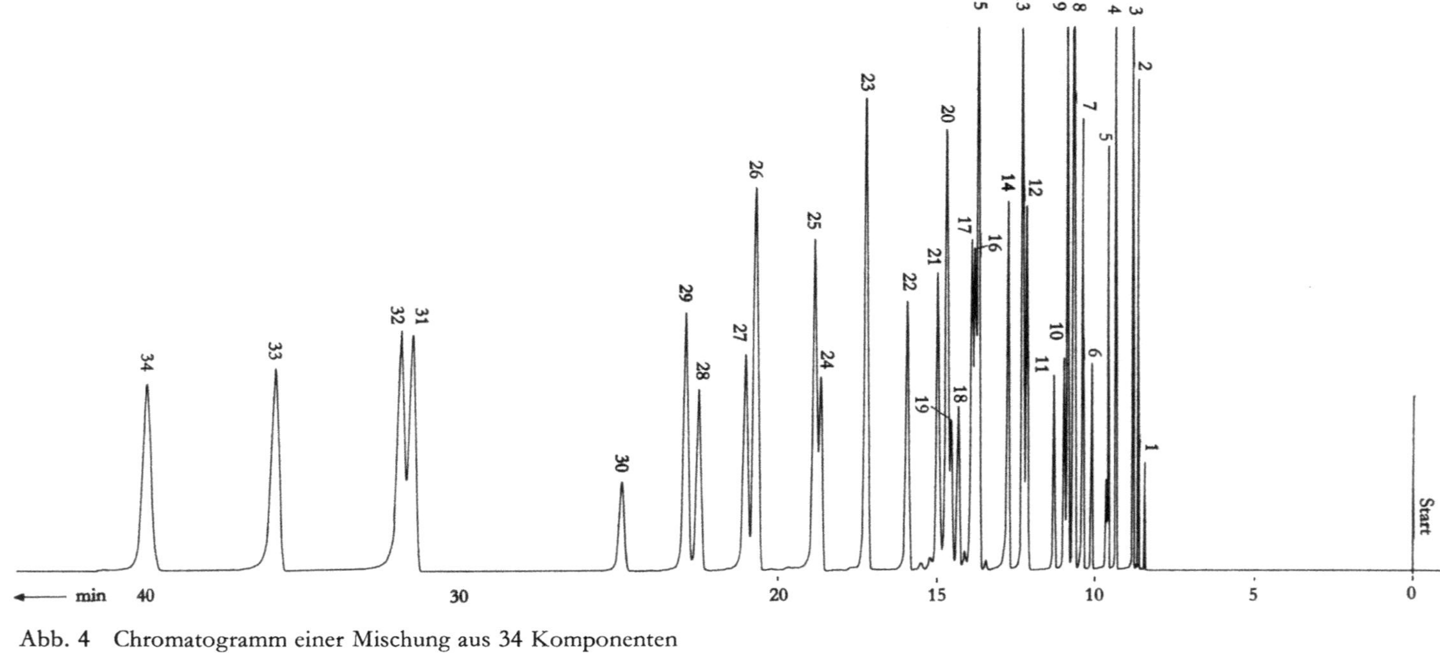

Abb. 4 Chromatogramm einer Mischung aus 34 Komponenten

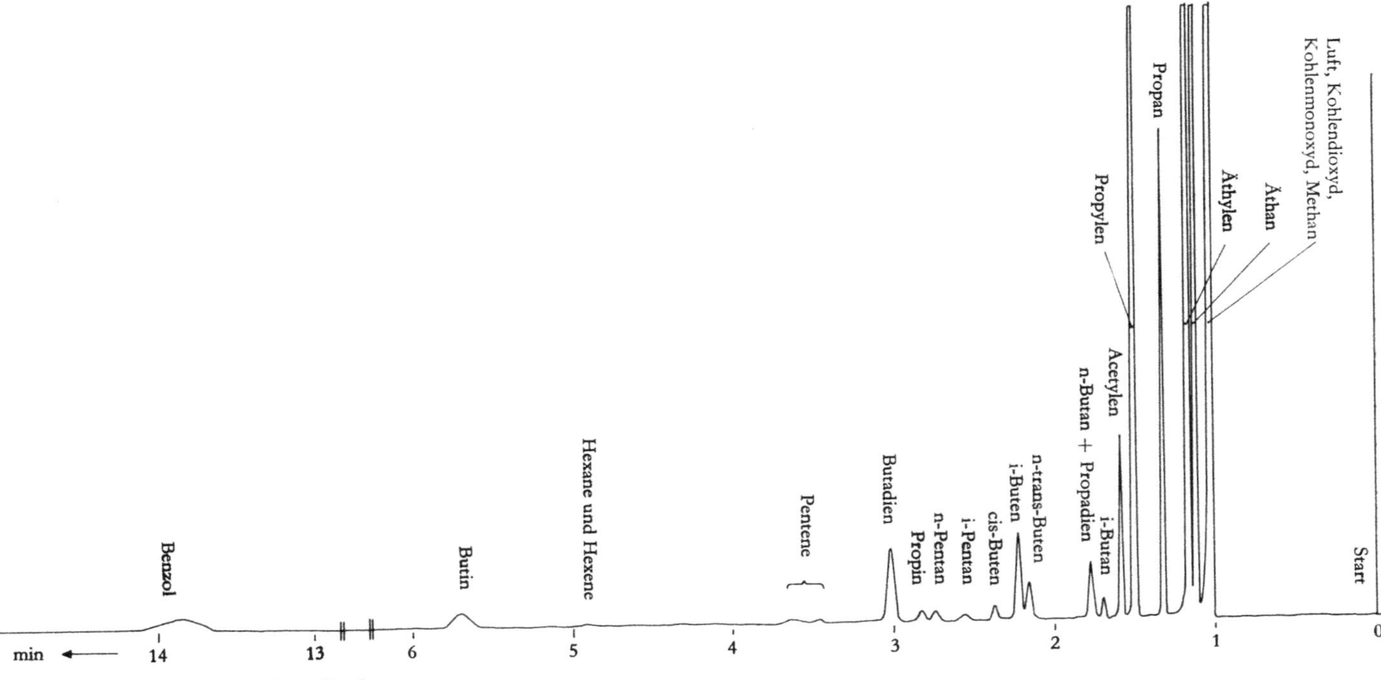

Abb. 5 Chromatogramm eines Stadtgases

füllt und dadurch die Trennwirksamkeit vermindert. Als Regel gilt, die aufgegebene Probenmenge soll stets kleiner sein als $1/2\,V_{eff} \cdot \sqrt{n}$,

wobei

V_{eff} = effektive Bodenkapazität
n = Anzahl der theoretischen Böden.

Um die für das Arbeiten mit Kapillarsäulen notwendige reproduzierbare Aufgabe kleinster Probenmengen zu erreichen, muß mit einem »Splitting-System« gearbeitet werden. Das in den Trägergasstrom eingeschleuste Gas- oder Dampfgemisch wird hierfür über ein T-Stück geleitet. Die durch die Schenkel des T-Stückes abfließenden Gasströme können mit Hilfe von Feinregulierventilen beliebig eingestellt werden. Der Hauptanteil der aufgegebenen Probenmenge wird ins Freie geleitet, nur ein geringer, aber genau zu bemessender Anteil gelangt in die Säule.

2.4 Detektoren

Zur qualitativen und quantitativen Erfassung der aus der Trennsäule austretenden Gase und Dämpfe dienen ihre physikalischen, physikalisch-chemischen, chemischen oder auch biologischen Eigenschaften.
Die Meßmethode soll auf alle gas- und dampfförmigen Substanzen anwendbar und weitgehend unempfindlich gegen Temperatur, Druck und Schwankungen der Durchflußgeschwindigkeit sein. Da vielfach auch Spurenbestandteile angezeigt werden sollen, müssen an die Empfindlichkeit solcher Anzeigegeräte hohe Anforderungen gestellt werden.
Meßzellen, die auf die physikalischen Eigenschaften ansprechen, entlassen die untersuchten Gase und Dämpfe unverändert, die anschließend noch für weitere Untersuchungen, z. B. zur Identifizierung im Infrarotspektrographen oder Massenspektrometer, verwendet werden können.
Unter der großen Anzahl der bekannten Anzeigeverfahren sollen im Rahmen dieser Arbeit nur die für die Untersuchung von Brenngasen wichtigsten Detektoren erwähnt werden. Die Vielzahl der zu bestimmenden Komponenten erfordert eine unspezifische Anzeige. Nur in Einzelfällen, wie bei der Bestimmung anorganischer Spurenbestandteile o. ä., wird man spezifische Detektoren wählen.
Man unterscheidet zwischen differential und integral anzeigenden Detektoren. Differentialdetektoren zeigen die augenblicklichen Konzentrationen an, während Integraldetektoren erlauben, sofort die Summe der eluierten Probe abzulesen. Zu den Geräten mit Integraldetektoren gehört der:

2.4.1 *Gaschromatograph nach* JANÁK

Eine besonders einfache Methode zur Untersuchung niedrig siedender Gase beruht auf der Volumenmessung der einzelnen aus der Trennsäule eluierten Bestandteile der Probe. Als Trägergas dient Kohlendioxyd, das nach Verlassen der Säule in Kalilauge gelöst wird, bevor die alkaliunlöslichen Gase in einer Mikrobürette aufgefangen werden.

Das Gerät ist ohne Temperaturregelung gebaut und arbeitet bei Zimmertemperatur. Die Volumenänderung und damit der Fehler in Abhängigkeit von der Raumtemperatur beträgt für $\pm$ 3° C ungefähr $\pm$ 1 Vol-%.

Zu beachten ist, daß ausschließlich Gase untersucht werden können, deren Siedepunkt so tief liegt, daß bei Raumtemperatur keine Kondensation an den Oberflächen der Gefäßwandungen eintreten kann. Hierdurch hervorgerufene Volumenänderungen müßten bei den einzelnen Bestandteilen zu Fehlergebnissen führen. In Tab. 1 sind die Siedepunkte der aliphatischen Kohlenwasserstoffe bis zur Kohlenstoffzahl C_5 nach [21] wiedergegeben.

Tab. 1

Kohlenwasserstoff	Siedepunkt [° C bei 760 Torr]
Methan CH_4	— 164
Äthan $H_3C—CH_3$	— 93
Propan $H_3C—CH_2—CH_3$	— 45
n-Butan $H_3C—(CH_2)_2—CH_3$	+ 0,6
n-Pentan $H_3C—(CH_2)_3—CH_3$	+ 36
Äthylen $H_2C = CH_2$	— 103
Propylen $H_2C = CH—CH_3$	— 48
Buten-1 $H_2C = CH—CH_2—CH_3$	— 6,7
Penten-1 $H_2C = CH—(CH_2)_2—CH_3$	+ 30,2
Acetylen $HC = CH$	— 83,8
Allen $H_2C = C = CH_2$	— 32
Butadien $H_2C = CH—CH = CH_2$	+ 1

Aus Tab. 1 kann entnommen werden, daß Paraffine wie auch Olefine bis zur Kohlenstoffzahl C_4 im JANÁK-Gerät untersucht werden können. Bereits Pentan und entsprechend Penten können bei Zimmertemperatur kondensieren, so daß die Ausmessung des Volumens das wahre Verhältnis nicht wiedergibt.

Die Ablesegenauigkeit und Fehlergrenze dieses Verfahrens wird mitbestimmt von der Reinheit des verwendeten Kohlendioxyds. Geringe Mengen Luft oder andere alkaliunlösliche Verunreinigungen im Trägergas sind an feinen, ununterbrochen in der Kalilauge aufsteigenden Gasbläschen erkenntlich und verursachen ein ständiges Absinken des Flüssigkeitsspiegels in der Meßbürette. Eine weitere Ungenauigkeit ist durch die Löslichkeit der ungesättigten C_2- sowie der gesättigten und ungesättigten C_3- und C_4-Kohlenwasserstoffe in Kalilauge bedingt. Die untere Nachweisgrenze wird von der Ablesemöglichkeit an der Meßbürette bestimmt. Die Abb. 6 zeigt die Untersuchung eines Ferngases im JANÁK-Gerät, aufgetrennt an zwei mit Aluminiumoxyd gefüllten Säulen I und II und zwei mit Aktivkohle gefüllten Säulen III und IV.

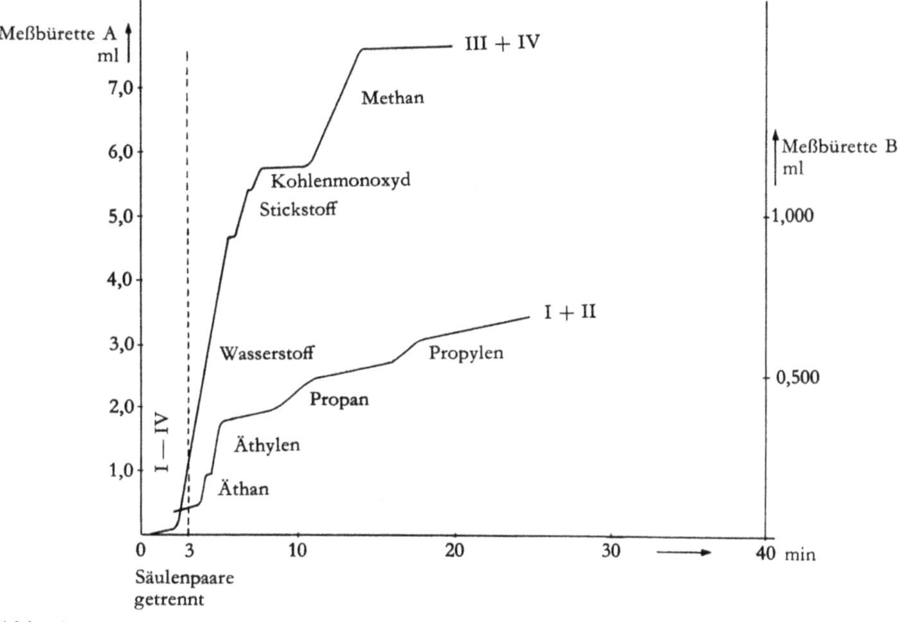

Abb. 6 Trennung eines Ferngases im Janák-Gerät

2.4.2 Gaschromatograph mit Wärmeleitfähigkeitsmeßzellen

Wesentlich empfindlicher, dafür im Aufbau komplizierter und teurer ist der Gaschromatograph mit Wärmeleitfähigkeitsmeßzellen. Zur Anzeige der aus der Säule austretenden Gase oder Dämpfe dienen zwei mit Thermistoren ausgerüstete Zellen, die Vergleichs- und Meßzelle. Die beiden gleichen Thermistoren werden durch einen konstanten elektrischen Strom aufgeheizt. Die Wärmeleitfähigkeit des umgebenden Gases ist maßgebend für die Temperatur und somit den Widerstand der Thermistoren.

Die Vergleichszelle wird von dem reinen Trägergas vor Eintritt in die Säule, die Meßzelle von dem aus der Säule austretenden, mit den einzelnen Probebestandteilen beladenen Trägergas durchströmt, wie aus Abb. 1 zu entnehmen ist. Durch dieses Verfahren wird die Wärmeleitfähigkeit des Trägergases kompensiert und Fehler, die durch Unregelmäßigkeiten oder Schwankungen des Trägergasstromes beim Betrieb des Gerätes auftreten können, heben sich gegeneinander auf.

Tritt in die Meßzelle ein Gas, dessen Wärmeleitfähigkeit sich von der des Trägergases unterscheidet, so bewirkt dieses Gas eine Temperatur- und damit Widerstandsänderung der Thermistoren, die über eine Wheatstonesche Brückenschaltung gemessen wird. Mit Hilfe eines Schreibers wird die Anzeige auf einen bewegten Papierstreifen übertragen.

Bei der Eluierung einer Komponente zeichnet der Schreiber jedesmal einen Peak von der Form einer Gausschen Kurve. Für die Untersuchung höher siedender Substanzen haben sich Hitzdrähte an Stelle der Thermistoren bewährt.

Mit Wärmeleitfähigkeitszellen können grundsätzlich alle Gase und Dämpfe angezeigt werden. Bedingung ist jedoch, daß sich die Wärmeleitfähigkeiten der im Gemisch enthaltenen einzelnen Verbindungen genügend von der Wärmeleitfähigkeit des Trägergases unterscheiden. Die Empfindlichkeit der Anzeige ist abhängig von dem Verhältnis der Wärmeleitfähigkeiten. Wärmeleitfähigkeiten einiger Trägergase und Gase, welche im Brenngas häufig enthalten sind, gibt Tab. 2 wieder:

a) entnommen aus KAISER, »Chromatographie in der Gasphase III«;
b) entnommen aus HENGSTENBERG und Mitarbeitern, »Messen und Regeln in der chemischen Technik«.

Tab. 2 Absolute Wärmeleitfähigkeiten $\lambda \cdot 10^5$ [cal/cm · sec · °C] bei 0°C

	a)	b)
Wasserstoff	40,0	41,6
Helium	33,6	34,0
Stickstoff	5,68	5,81
Sauerstoff	–	5,89
Luft	5,7	5,83
Argon	3,88	3,9
Kohlenmonoxyd	4,52	5,6
Kohlendioxyd	3,38	3,4
Ammoniak	5,13	5,2
Wasser	3,04	–
Schwefeldioxyd	–	2,0
Schwefelwasserstoff	–	3,1
Stickstoffoxyd	5,55	–
Methan	7,3	7,2
Äthan	4,3	4,3
Äthylen	4,0	4,2
Acetylen	4,4	4,5
Propan	–	3,6
Butan	–	3,2
Pentan	3,1	–
Hexan	2,96	–
Benzol	2,09	–

Trägergase, wie Stickstoff, Argon oder Kohlendioxyd, bewirken eine bessere Auflösung als Wasserstoff oder Helium, da die Querdiffusion dieser Gase nur gering ist. Wie aus Tab. 2 zu entnehmen ist, ist es für den Nachweis der Kohlenwasserstoffe sowie von Sauerstoff, Stickstoff, Argon, Kohlendioxyd, Kohlenmonoxyd u. a. jedoch günstiger, als Trägergas Wasserstoff oder Helium, zum Nachweis eben dieser beiden Gase aber Stickstoff oder Argon zu verwenden.
Dieses Nachweisverfahren ist bedeutend empfindlicher als die JANAK-Methode.
Mit Hilfe eines Gaschromatographen mit Wärmeleitfähigkeitsmeßzellen können bei richtiger Wahl des geeigneten Trägergases ohne jede Schwierigkeit noch Anteile von 0,05 Vol.-% bestimmt werden, unter besonderen Bedingungen 10^{-3} Vol.-%.

2.4.3 Gaschromatograph mit Flammenionisationsdetektor

Die Empfindlichkeit der Wärmeleitfähigkeitszellen reicht nicht aus, um die geringen in Kapillarsäulen getrennten Probemengen zu erfassen. Für diese Bestimmungen wurden die Ionisationsdetektoren entwickelt.
Ein Gerät mit sehr großer Anzeigeempfindlichkeit ist der Gaschromatograph mit Flammenionisationsdetektor, kurz als FID bezeichnet, der von McWILLIAM und DEWAR [22] entwickelt wurde. Bei diesem Gerät werden die aus der Säule austretenden Kohlenwasserstoffe im Wasserstoffstrom verbrannt und der durch Ionisierung entstehende Strom gemessen. Der FID zeigt alle organischen, nicht aber anorganische Verbindungen an. Zur Untersuchung von Stickstoff, Sauerstoff, Wasserstoff, Kohlendioxyd, Kohlenmonoxyd, Tetrachlorkohlenstoff, Kohlenoxydsulfid, Schwefelkohlenstoff, Schwefelwasserstoff, Schwefeldioxyd, Ammoniak u. a. müssen andere Nachweisverfahren herangezogen werden.
Nach KAISER [3] ist der FID für die Bestimmung von Kohlenwasserstoffen der genaueste z. Z. bekannte Detektor. Das Verhältnis der in der Zeiteinheit zugeführten Menge einer Verbindung zur Anzeige hat einen bestimmten Kennwert. Die Anzeige ist über einen weiten Bereich linear. Mit dem FID können unter günstigen Arbeitsbedingungen noch Probeanteile von 10^{-4} ppm (parts per million) nachgewiesen werden.
Außer in Verbindung mit Kapillarsäulen wird der FID in Verbindung mit gepackten Säulen vor allem zum Nachweis von Spurenanteilen herangezogen.
Im Verhältnis zu den anderen beschriebenen Geräten ist der FID leider sehr störanfällig. Für das Arbeiten mit Flammenionisationsdetektoren müssen an das Bedienungspersonal höhere Anforderungen gestellt werden, so daß es schon aus diesen Gründen nicht angebracht erscheint, das Gerät für Untersuchungen in Betriebslaboratorien von Gaswerken zu empfehlen.

3. Zusammenfassung

Unter den verschiedenen gaschromatographischen Verfahren sollte jenes gefunden werden, das es gestattet, in Laboratorien von Gaswerken und verwandten Betrieben die Zusammensetzung von Brenngasen schnell und mit ausreichender Genauigkeit zu bestimmen, wenn die klassische Orsat-Analyse nicht mehr anwendbar ist, weil ihre Ergebnisse kein befriedigendes Bild der das Brennverhalten bestimmenden Gaszusammensetzung liefern.

Die einfachste und mit den geringsten Mitteln verbundene Versuchsdurchführung beruht auf der volumetrischen Messung der einzelnen getrennten Bestandteile. Dieses Verfahren nach Janák erlaubt die Bestimmung von Stickstoff und Sauerstoff gemeinsam, von Wasserstoff, Kohlenmonoxyd sowie der Paraffin- und Olefinkohlenwasserstoffe bis zur Kohlenstoffzahl C_4. Nachteilig ist die geringe Empfindlichkeit. Bestandteile unter 0,6 Vol.-% können nicht mehr genau bestimmt werden. C_4-Kohlenwasserstoffe mit ihrem verhältnismäßig hohen Heizwert beeinflussen die Eigenschaften eines Brenngases in diesen kleinen Mengen aber bereits merklich.

Empfindlicher, genauer und vielseitiger sind Gaschromatographen mit Wärmeleitfähigkeitsmeßzellen. Es können ohne weiteres Bestandteile von 0,05 Vol.-% an bestimmt werden. Diese Nachweisgrenze reicht aus, um Bestandteile, die auch in geringen Mengen noch die Brenneigenschaften eines Gases beeinflussen können, zu ermitteln. Die Anschaffungskosten liegen allerdings wesentlich über denen für ein Janák-Gerät.

Als empfindlichste, z. Z. bekannte Anzeigemethode der hier interessierenden C_1- bis C_4-Kohlenwasserstoffe gilt der Flammenionisationsdetektor. 10^{-4} Vol.-% eines Bestandteiles können ohne weiteres bestimmt werden. Durch besondere Maßnahmen kann man noch wesentlich geringere Anteile nachweisen. Der FID zeigt nur Kohlenwasserstoffe an; nachteilig ist außerdem seine verhältnismäßig große Störanfälligkeit. Der FID wird nur dort zu empfehlen sein, wo Spurenanteile bestimmt oder komplizierte Gemische an Kapillarsäulen getrennt werden sollen.

Dipl.-Chem. Marlies Raschke

4. Literaturverzeichnis

[1] Keulemans, A. J. M., Gas-Chromatographie. Übersetzt und bearbeitet von E. Cremer. Verlag Chemie, Weinheim a. d. Bergstr. 1959.

[2] Kaiser, R., Chromatographie in der Gasphase, I: Gas-Chromatographie. Hochschultaschenbücher Bd. 22/22a, Bibliographisches Institut, Mannheim 1960.

[3] Kaiser, R., Chromatographie in der Gasphase, II: Kapillar-Chromatographie. Hochschultaschenbücher Bd. 23, Bibliographisches Institut, Mannheim 1961.

[4] Kaiser, R., Chromatographie in der Gasphase, III: Tabellen. Hochschultaschenbücher Bd. 24/24a, Bibliographisches Institut, Mannheim 1962.

[5] Bayer, E., Gaschromatographie. Springer-Verlag, Berlin-Göttingen-Heidelberg 1959.

[6] Raschke, M., Die gaschromatographische Analyse – ein modernes Verfahren zur Untersuchung von Brenngasen. Gaswärme 10 (1961), 6, S. 207–211.

[7] Bayer, E., Neuere Entwicklung der Gaschromatographie. Naturwissenschaften 47 (1960), 19, S. 433–439.

[8] van Deemter, J. J., F. J. Zuiderweg und A. Klinkenberg, Longitudinal Diffusion and Resistance to Mass Transfer as Causes of Nonideality in Chromatography. Chem. Engng. S 5 (1956), 6, S. 271–289.

[9] Scott, R. P. W., The Construction of High-Efficiency Columns for the Seperation of Hydrocarbons. Gas Chromatography 1958 Amsterdam Symposium, Ed. D. H. Desty, Publ. Butterworths 1958, S. 189–199.

[10] De Ford, D. D., B. O. Ayers und R. J. Loyd, Minimization of Time in Gas Chromatography Seperations. Anal. Chem. 32 (1960), 12, S. 1111/12.

[11] Ayers, B. O., R. J. Loyd und D. D. De Ford, Principles of High-Speed Gas Chromatography with Packed Columns. Anal. Chem. 33 (1961), 8, S. 986/991.

[12] De Wet, W. D., P. C. Haarhoff und V. Petrorius, Granular Support in Gas-Liquid Chromatography. Effect of Particle Sice of Granules and Effective Thickness of Liquid Film on Column Effeciency. J. S. African Chem. Inst. 13 (1960), S. 19–25.

[13] Duffield, J. J., und L. B. Rogers, Theoretical Plates in Gas Chromatography. Effect of Distribution Ratio Viscosity and Amount of Liquid Phase. Anal. Chem. 32 (1960), 3, S. 340–343.

[14] Hishta, G., J. P. Messerly und R. F. Reschke, Gas Chromatography of High-Boiling Compounds in Low Temperature Columns. Anal. Chem. 32 (1960), 13, S. 1730–1733.

[15] Abrose, D., A. J. M. Keulemans und J. H. Purnell, Presentation of Gas-Liquid Chromatography Retention Data. Anal. Chem. 30 (1958), S. 1582.

[16] Golay, M. J. E., Vapour-Phase Chromatography and the Telegraphers Equation. Anal. Chem. 29 (1957), 6, S. 928–932.

[17] Golay, M. J. E., Theory and Practice of Gas-Liquid Partition Chromatography with Coated Capillaries. Gas Chromatography, Instr. Soc. Am. Symposium – August 1957. Ed. v. J. Coates, H. J. Noebels und J. E. Fagerson, Publ. Academic Press 1958, S. 1–13.

[18] Golay, M. J. E., Theory of Chromatography in Open and Coated Tubular Columns with Round and Rectangular Cross-Sections. Gas Chromatography 1958, Amsterdam Symposium. Ed. D. H. Desty, Publ. Butterworths 1958, S. 36–55.

[19] Desty, D. H., A. Goldup und B. H. F. Whyman, The Potentialities of Coated Capillary Columns for Gas Chromatography in the Petroleum Industry. J. Inst. Petrol. 45 (1959), 329, S. 287–298.

[20] Halasz, J., und E. Heine, Separation of Low Boiling Hydrocarbons by Gas Chromatography using Packed Capillary Columns. Nature (London) 194, (1962) 4832, S. 971–973.

[21] Janák, J., I. Paralova, M. Rusek, K. Tesarik, A. Lazarev, M. Nedorost, V. Bubenikova und J. Novak, Halbmikroanalyse von Gasen I bis XV. Chem. Listy 47 (1953); Chem. Listy 48 (1954); Chem Listy 49 (1955).

[22] Karrer, P., Lehrbuch der organischen Chemie. 11. Aufl., Georg Thieme-Verlag, Stuttgart 1950.

[23] Mc William, J. G., und R. A. Dewar, Flame Ionisation Detector for Gas Chromatography. Gas Chromatography 1958, Amsterdam Symposium. Ed. D. H. Desty, Publ. Butterworths 1958, S. 142–152.

FORSCHUNGSBERICHTE DES LANDES NORDRHEIN-WESTFALEN

Herausgegeben im Auftrage des Ministerpräsidenten Dr. Franz Meyers
von Staatssekretär Prof. Dr. h. c. Dr.-Ing. E. h. Leo Brandt

ENERGIEWIRTSCHAFT

HEFT 572
Dipl.-Kfm. Dipl.-Volksw. Dr. Jean-Baptiste Felten, Energiewirtschaftliches Institut an der Universität Köln, Direktor: Prof. Dr. Theodor Wessels
Wert und Bewertung ganzer Unternehmungen unter besonderer Berücksichtigung der Energiewirtschaft
1958. 144 Seiten, zahlr. Tabellen. DM 33,60

HEFT 658
Dipl.-Kfm. Dr. Hans Grupe, Energiewirtschaftliches Institut an der Universität Köln
Public Relations in der öffentlichen Energieversorgung *1958. 48 Seiten. DM 12,25*

HEFT 913
Prof. Dr.-Ing. Paul Denzel, Dipl.-Ing. Richard Laufen und Dipl.-Ing. Werner Heilmann, Institut für elektrische Anlagen und Energiewirtschaft der Rhein.-Westf. Technischen Hochschule Aachen
Verbesserung der Benutzungsdauer in ländlichen Ortsnetzen
1960. 68 Seiten, 25 Abb., 18 Tabellen. DM 20,50

HEFT 924
Dipl.-Ing. Karl Otto Bosse, Gaswärme-Institut e. V., Essen-Steele
Der Einfluß der Art der Kohlenwasserstoffe in Stadt- und Ferngasen auf den Verbrennungsablauf in Gasgeräten
1960. 48 Seiten, 27 Abb., 13 Tabellen. DM 15,60

HEFT 1037
Prof. Dr. Ing. Fritz Schuster und Dipl.-Ing. Ivica Škunca, Gaswärme-Institut e. V., Essen-Steele
Der Einfluß der Art der Kohlenwasserstoffe in Stadt- und Ferngasen auf den Verbrennungsablauf in Gasgeräten. Über die Auswirkung der Zusammensetzung von Prüfgasen für Geräte des Haushalts auf deren Beurteilung
1961. 23 Seiten, 14 Tabellen. DM 9,10

HEFT 1064
Dr. Hans-Werner Oberlack und Dipl.-Kfm. Ernst Böke, Energiewirtschaftliches Institut an der Universität Köln, Direktor: Prof. Dr. Theodor Wessels
Energiepreisentwicklung und allgemeine Preisbewegung. Einzeldarstellung und vergleichende Untersuchung für Europa und die USA
1962. 268 Seiten, 91 Tabellen. DM 47,60

HEFT 1133
Prof. Dr.-Ing. Paul Denzel, Dipl.-Ing. Egon Reuter und Dipl.-Volksw. Hans Ernst, Institut für Elektrische Anlagen und Energiewirtschaft der Rhein.-Westf. Technischen Hochschule Aachen
Untersuchungen über den Verbundbetrieb mit der Schweiz
1962. 56 Seiten, 39 Abb. DM 26,80

HEFT 1155
Dr. Gundolf Schönauer, Energiewirtschaftliches Institut an der Universität Köln, Direktor Prof. Dr. Theodor Wessels
Marktprozesse in der öffentlichen Energiewirtschaft und deren volkswirtschaftliche Beurteilung
1963. 92 Seiten, 2 Abb., 3 Tabellen. DM 26,80

HEFT 1204
Dipl.-Ing. Klaus Rübel, Gaswärme-Institut e. V., Essen-Steele, Wissenschaftliche Leitung: Prof. Dr. Ing. Fritz Schuster
Einfluß der Art der Kohlenwasserstoffe in Stadt- und Ferngasen auf den Verbrennungsablauf in Gasgeräten. Temperaturabhängigkeit der Abhebeerscheinungen
1963. 27 Seiten, 14 Abb. DM 14,60

HEFT 1224
Dipl.-Volkswirt Uwe Jönck, Institut für Gesellschafts- und Wirtschaftswissenschaften der Universität Bonn, Leiter: Prof. Dr. Wilhelm Krelle
Die Entwicklung des Stromverbrauchs in der Bundesrepublik Deutschland bis zum Jahre 1970
1963. 103 Seiten, 37 Abb., 36 Tabellen. DM 48,—

HEFT 1249
Prof. Dr.-Ing. Harald Müller und Dr.-Ing. Horst Krabiell, Elektrowärme-Institut Essen e. V., Essen
Untersuchungen beim Betrieb von elektrischen Lichtbogenöfen zur Verhinderung von störenden Rückwirkungen auf das öffentliche Netz
1963. 25 Seiten, 9 Abb. DM 13,60

HEFT 1368
Dipl.-Ing. Ivica Škunca, Gaswärme-Institut e. V., Essen-Steele, Wissenschaftliche Leitung: Prof. Dr.-Ing. Fritz Schuster
Systematische Untersuchung der Ulbrichtschen Kugel in bezug auf ihre Anwendbarkeit zur Messung des Lichtstromes von Gasglühkörpern und Gasleuchten
1964. 33 Seiten, 15 Abb., 4 Tabellen. DM 17,80

HEFT 1369
Dipl.-Chem. M. Raschke, Gaswärme-Institut e. V., Essen-Steele, Wissenschaftliche Leitung: Prof. Dr.-Ing. Fritz Schuster
Ermittlung der Zusammensetzung technischer Brenngase, insbesondere der in ihnen enthaltenen Kohlenwasserstoffe, nach verschiedenen gaschromatographischen Methoden

HEFT 1424
Prof. Dr.-Ing. Harald Müller und Dipl.-Ing. Wolfgang Morgenstern, Elektrowärme-Institut Essen e.V., Essen Wissenschaftliche Leitung: Prof. Dr.-Ing. Harald Müller
Anwendung der Impulstechnik bei unmittelbarer Erwärmung von Gütern
In Vorbereitung

HEFT 1439
Dr.-Ing. Paul Schadach, Elektrowärme-Institut Essen e.V., Essen
Über die Anwendbarkeit selbständiger elektrischer Entladungen zum Erwärmen und Schmelzen von Metallen im Druckgebieten von 100 bis 0,001 Torr
1964. 80 Seiten, 49 Abb., 2 Tabellen. DM 41,60

HEFT 1470
Prof. Dr. Ing. Fritz Schuster und Dr.-Ing. Günter Wagner, Gaswärme-Institut e. V., Essen-Steele
Reaktionsmechanismen der Verbrennung von Methan als Hauptbestandteil der Erdgase
In Vorbereitung

HEFT 1471
Prof. Dr.-Ing. Paul Denzel und Dipl.-Volksw. Dipl.-Ing. Hans Ernst, Institut für Elektrische Anlagen und Energiewirtschaft an der Rhein.-Westf. Technischen Hochschule Aachen
Untersuchung der energiewirtschaftlichen Verhältnisse in einem Textilbetrieb und Vorschläge zur Verbesserung der Energieanwendung
In Vorbereitung

Verzeichnisse der Forschungsberichte aus folgenden Gebieten können beim Verlag angefordert werden:
Acetylen/Schweißtechnik – Arbeitswissenschaft – Bau/Steine/Erden – Bergbau – Biologie – Chemie – Eisenverarbeitende Industrie – Elektrotechnik/Optik – Energiewirtschaft – Fahrzeugbau/Gasmotoren – Farbe/Papier/Photographie – Fertigung – Funktechnik/Astronomie – Gaswirtschaft – Holzbearbeitung – Hüttenwesen/Werkstoffkunde – Kunststoffe – Luftfahrt/Flugwissenschaften – Luftreinhaltung – Maschinenbau – Mathematik – Medizin/Pharmakologie/NE-Metalle – Physik – Rationalisierung – Schall/Ultraschall – Schiffahrt – Textiltechnik/Faserforschung/Wäschereiforschung – Turbinen – Verkehr – Wirtschaftswissenschaft.

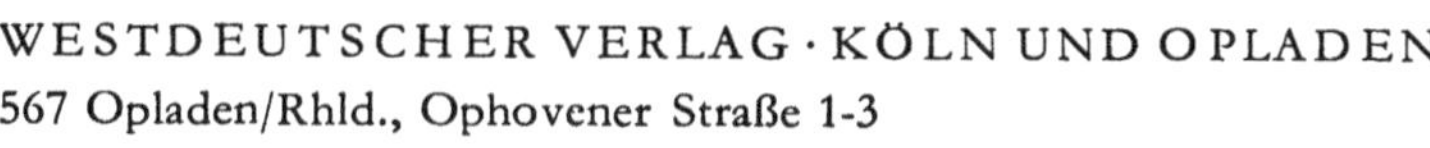

WESTDEUTSCHER VERLAG · KÖLN UND OPLADEN
567 Opladen/Rhld., Ophovener Straße 1-3

www.ingramcontent.com/pod-product-compliance
Ingram Content Group UK Ltd.
Pitfield, Milton Keynes, MK11 3LW, UK
UKHW061700190726
13853UKWH00008B/2318
9783663062936